电子世界 的 奇妙之旅

主　编　孙淑艳
副主编　李　宁　黄晓明
编　写　梁玉超　柳　赟　赵　东

中国电力出版社
CHINA ELECTRIC POWER PRESS

内 容 提 要

本书为第一批教育部服务乡村振兴创新试验培育项目。

本书的实验器材侧重选取乡村生活日常用品，紧密结合乡村环境和生产实践活动，特别注意选取农村生活和社会中的科学现象作为实验内容，用心挖掘学生身边的学习资源，使之为课程教学服务，弥补乡村基础教育软硬件条件的不足。本书主要分为三个单元，"发现电"单元包括电的起源、电的安全使用，"生产电"单元包括电的产生、电的输送、电的应用、电的储存，"驱动电"单元包括解码电阻器、奇妙的电感、初识传感器、芯片等。本书将枯燥的电子设计课程知识，由学问渊博的电子"小博士"引导，以场景故事引入，引起学生学习兴趣，集知识性与趣味性于一体，开启电子世界的畅想之旅。

本书适用于乡村中小学的科学实践课程教材。

图书在版编目（CIP）数据

电子世界的奇妙之旅 / 孙淑艳主编 . — 北京：中国电力出版社，2024.5（2024.9 重印）
ISBN 978-7-5198-7482-7

Ⅰ．①电… Ⅱ．①孙… Ⅲ．①电力电子技术－农村学校－教材 Ⅳ．① TM76

中国国家版本馆 CIP 数据核字（2024）第 106153 号

出版发行：中国电力出版社
地　　址：北京市东城区北京站西街 19 号（邮政编码 100005）
网　　址：http://www.cepp.sgcc.com.cn
责任编辑：冯宁宁
责任校对：黄　蓓　王海南
装帧设计：王英磊
责任印制：吴　迪

印　　刷：三河市万龙印装有限公司
版　　次：2024 年 5 月第一版
印　　次：2024 年 9 月北京第二次印刷
开　　本：787 毫米×1092 毫米　16 开本
印　　张：5.25
字　　数：82 千字
定　　价：28.00 元

推荐序

在这个充满变革与挑战的时代，教育的力量愈发显得重要。在此，我深感荣幸能够向您推荐这本由我校孙淑艳教授及其团队倾力打造的《电子世界的奇妙之旅》。这不仅是一本教材，它更是我们教育使命的体现，是我们对科技普及与教育均衡化承诺的践行。

《电子世界的奇妙之旅》汇集了孙淑艳教授及其团队的智慧与汗水，不仅凝聚了他们对科技教育的深刻理解和独到见解，更是他们对教育均衡化和乡村振兴战略的坚定承诺和实际行动。在这条充满挑战的道路上，他们展现了非凡的勇气和毅力。从2020年开始，孙淑艳教授和她的团队，不顾路途遥远，每周坚持一次，将科技的光芒带到了偏远的乡村小学。他们的到来，让这些孩子第一次近距离感受到了科技的魅力，第一次用自己稚嫩的双手触摸到了电子世界的奥秘。这就如同一束温暖的阳光，照亮了孩子们求知的双眼，点燃了他们心中对科技的渴望和梦想。

在孙淑艳教授团队的不懈努力下，我校为乡村孩子搭建了一个接触和学习先进科技知识的平台。通过一系列精心设计的实验，孩子们得以用最普通的日常材料亲手探索科技的魅力，激发了他们对科学世界的好奇心和探索欲。这不仅为他们打开了一扇通往知识世界的大门，更为他们未来的成长和发展奠定了坚实的基础。

本书的内容不仅涵盖了电子技术的基础知识，更融入了我国电力工程的辉煌成就，让孩子们在学习的同时，能够深刻感受到祖国科技进步的伟大。它不仅是知识的传递，更是精神的传承，是激发孩子们爱国情怀和民族自豪感的生动教材。作为一所致力于培养科技精英的高等学府，我们深知教育的责任重大。我们将继续发挥教育资源优势，深入推广乡村科技实践课程，为乡村振兴贡献力量。我们坚信，通过我们的努力，科学的种子将在乡村的土壤中生根发芽，绽放出绚烂的花朵，孕育出无数可能的未来。

在此，我要向孙淑艳教授及其团队致以诚挚的感谢和崇高的敬意。他们不仅是科技知识的传播者，更是教育精神的践行者。在他们的引领下，我们的教育事业必将迈向更加辉煌的未来。让我们一起期待，这些科学的种子在孩子们心中生根发芽，开出绚烂的科学之花，让无数"可能"成为现实。让我们携手努力，共同书写教育的新篇章，为实现中华民族的伟大复兴贡献力量。

毕天姝

2024 年 4 月于华北电力大学

前言

为弘扬科学精神，普及科学知识，激发青少年的科学梦想，助力乡村振兴，华北电力大学基于现实问题，发挥学科特色优势，推进电力科普创新。华北电力大学电工电子北京市实验教学示范中心团队针对性地设计开发青少年电子科技实践课程。课程实行"自主型、研究型、创新型"三位一体的层次化实践教学模式，内容从分立元件到集成器件，从导电胶带、面包板到印刷电路板，实验器材多取自日常生活用品，实验效果集声光电于一体，感官体验强烈，动手操作性强，课程寓教于乐、寓学于趣。为了让更多的乡村学生学习本课程的科技知识，感受科技魅力，华北电力大学组织授课教师编写了本书。

本书适用于乡村中小学的科学实践课程教材，实验器材侧重选取乡村生活日常用品，紧密结合乡村环境和生产实践活动，特别注意选取乡村生活和社会中的科学现象作为实验内容，用心挖掘学生身边的学习资源，使之为课程教学服务，弥补农村基础教育软硬件条件的不足。

本书将枯燥的电子设计课程知识，由学问渊博的电子"小博士"引导，以场景故事引入，引起学生学习兴趣，集知识性与趣味性于一体，开启电子世界的畅想之旅。从日常可以看到、接触到的产品入手，介绍电阻、电容、芯片等元件的基础知识；依据实验指导制作方法，可动手拼接简单的电子实验，感受到元件的作用；"学习拓展"让学生开阔眼界，了解到小元件也能在航天、电力等国家的科技领域发挥大作用。

本书由华北电力大学电气与电子工程学院电工电子中心教师编写，孙淑艳教授担任主编，李宁、黄晓明老师担任副主编，梁玉超、柳赟、赵东参与编写。此外，感谢褚小钧、郭恺钧、李宇晋在文字整理、插图设计等方面付出的努力，中国电力出版社张瑶提供了部分资料。同时，本书在编写过程中，得到了教育部服务乡村振兴创新试验培育项目，以及华北电力大学领导、专家的大力支持，在此一并致谢。

限于作者水平，书中难免存在疏漏之处，欢迎同行专家、读者不吝批评指正。

编者

2024 年 3 月

目录

导论

近些年来，全世界的电子技术飞速发展，生活中都是各式各样电子智能设备、高端的人工智能，可以说，电子科技的进程完全改变了人们的世界。

电子技术的飞速发展，远远超乎了人们的想象。从富兰克林的风筝开始，人们慢慢了解了电，掌握了电。

本书的章节也就顺应了大部分的电子初学者的学习思路，都是从了解到应用，最后到研究，在不断的学习中加深对电子科技认识的过程。从简单电源的制作、元器件的认识到面包板的连接、电路板的焊接，直至最后的复杂电路单片机的制作，整个过程由浅入深，由表及里，最终通过本书的脉络达到熟能生巧，完全驾驭电子科学的目的。

希望本书能够把复杂科技的历史发展、僵硬难懂的科技原理，在一个个趣味实践中用简易而生动的方式呈现出来。让本书带你走入电子的世界，让你与电子世界亲密接触，一起来领略电子技术那广阔宏大的知识海洋，体验电子世界的奇妙之旅。

"发现电"

单元

第一部分

电的起源

一、对雷电的认识

雷电是一种闪电和雷电交加的天气现象，常伴有强烈的阵风和暴雨，有时还伴有冰雹和龙卷风，是一种自然放电现象。

1. 实验证明：富兰克林风筝实验

关于雷电，不得不提到最著名的富兰克林风筝实验。

这是由美国开国元勋本杰明·富兰克林于18世纪进行的实验，旨在证明闪电是一种放电现象。

富兰克林制作了附有金属尖端的风筝。在雷电活跃的天气中，他放风筝上天，期望风筝尖端的金属部分能吸引雷电。底部连接着的钥匙或铜盘上出现了静电放电，证明了云层中存在电荷差异，风筝通过金属尖端放电，验证了雷电的本质。

富兰克林风筝实验

2.法拉第首次发现电磁感应现象

关于发现电的故事，最著名的就是法拉第首次发现电磁感应现象。

1831年10月17日，英国科学家法拉第首次发现电磁感应现象。电磁感应又称磁电感应现象，是指闭合电路的一部分导体在磁场中作切割磁感线运动，导体中就会产生电流的现象。这种利用磁场产生电流的方法叫作电磁感应，产生的电流叫作感应电流。由于他在电磁学方面做出了伟大贡献，被称为"电学之父"和"交流电之父"。

迈克尔·法拉第

二、基础知识

我们生活中遇到的所有跟电有关的现象，都是由两种非常非常小的带电圆球导致的，他们一个叫正电荷，一个叫负电荷。

正电荷和负电荷是好朋友！它们相互吸引，就像磁铁上的N极和S极相互吸引一样。但是如果两个物体带有同性电荷，那么他们会相互排斥。

电磁流动产生电流，当物体摩擦时，电子可能会变得"兴奋"，"跳"到其他物体上，这就是静电现象。有时候，我们用塑料尺子摩擦头发，尝试靠近纸屑，纸屑会被吸引。

正负电荷

雷电是如何产生的？

　　雷电产生于对流旺盛的积雨云中，云中水滴、水晶和霰粒在重力和强烈上升气流共同作用下，不断发生碰撞摩擦而产生电荷，云的上部一般以正电荷为主，下部以负电荷为主，相应的云下方的地面就会携带正电荷。正电荷和负电荷之间会产生电位差，当电位差达到一定程度后，就会发生放电，形成我们看到的闪电，放电过程中闪电通道中温度骤增，使空气体积膨胀，从而产生冲击波，发出我们所听到的雷鸣。

⚡ 雷电

三、动手实践

摩擦吸纸屑实验：

实验材料：塑料尺子、头发、一张白纸。

步骤：

（1）用塑料尺子在头发上摩擦一段时间。

（2）将白纸撕碎或小纸屑放在桌面上。

（3）轻轻将尺子靠近小纸屑，注意不要让尺子直接接触桌面，观察小纸屑是否被吸附在尺子上。

⚡ 静电

试着解释一下其中的原因吧。

四、拓展阅读

　　爱迪生是伟大的科学家、发明家，他从小热爱科学，刻苦钻研，他的发明大大方便了人们的日常生活。

　　发明创造靠的不仅是聪明才智，更是艰辛的科学实践，爱迪生就是从一次次失败的经历中总结经验教训，才有了后来的成就。例如，爱迪生发明电灯时，为了找到合适的灯丝，先后实验过铜丝、白金丝等1600多种耐热发光材料，还实验了人的头发和各种不同的植物纤维达6000多种，每个材料的背后都是一次试验失败的经历。

　　正是这千万次的失败，成就了爱迪生一生的1300多项发明，成就了他世界发明大王的称号。

⚡ 爱迪生灯泡

第二部分

电的安全使用

一、生活观察

屋顶上的避雷针：这是一种特殊的装置，帮助房屋在雷电天气中更安全。它会吸引闪电，将电荷引导到地下，避免房屋被雷电损坏。

⚡ 屋顶上的避雷针

二、基础知识

1. 触电原理

人的身体能导电，大地也能导电。如果人的身体碰到带电物体，电流就可能通过人体与大地构成回路。当通过人体的电流达到一定数值，人身触电就这样发生了。这些电流会"烧毁"我们的身体器官，对人体造成难以挽回的破坏。

2. 避雷针的原理

避雷针可以吸引雷电，让它通过导线流向地下，避免被雷电"烧毁"房屋和人们身体，保护房屋和人们的安全。

提问：通过上述学习，同学们自己思考一下为什么高压线下钓鱼会有危险呢？

⚡ 避雷针吸引雷电

三、动手实践

通过上述基本原理的学习，大家认识到了触电对人体的危害，其实，触电防护在家庭生活中的地位也是不容小觑的。

1.配置漏电保护器

漏电保护器，简称漏电开关，主要是用来当设备发生漏电故障时，当人触摸到漏电设备时，漏电保护器快速识别并切断电路，对人身进行保护。

⚡ 漏电保护器

2.不要用湿手触摸插座

这是因为水具有导电性，如果用湿手插拔插头，水流入插头时，手会与带电导线连导，造成电流通路，从而发生触电事故。因此，要记住千万不能用湿手插拔插头，应该先擦干水珠再去操作。

3. 不要将金属制品插入插座

　　不要将金属制品插入插座，因为金属具有导电性，一旦插入通电的插座，电流便会通过该金属制品流入人体，从而导致触电事故的发生。

四、拓展阅读

1. 为什么鸟站在电线上不触电？

　　鸟儿站在带电的导线上，但是没有回路，所以没有电流流过其身体，因此也就不会触电。

2. 为什么高压线下禁止放风筝?

在输电线路附近放风筝,风筝极易挂在输电线路上,由于空气潮湿等原因,风筝或风筝线成为导电体,横跨在两条带电导线上,就会引起相间短路故障,导致大面积停电。而且风筝线遇到空气中潮湿的空气容易导电,一旦风筝落在带电导线上,放风筝的人会有触电危险。

思考题

　　提问:同学们,当我们发现电线断落时,不要试图去捡起电线或电线周围的物品,一定远离!那为什么鸟儿站在电线上则毫发无伤呢?

"生产电"

单元

第三部分

电的产生

一、生活观察

今天我们要一起来探索一个非常酷的东西，那就是光伏发电。

光伏发电是利用太阳能来产生电力的一种方式。这种技术主要是通过一种叫作太阳能电池板的设备来实现的。太阳能电池板是由很多小小的太阳能电池组成的，这些电池可以直接将太阳光转换成电力。

⚡ 太阳能板

太阳能电池的关键材料通常是硅，这是一种在自然界中非常普遍的元素。当太阳光照射到这些电池上时，光的能量会激发硅中的电子（一种很小的粒子），使电子从原来的位置移动起来。这种电子的移动就形成了电流。然后，这些电流被收集起来，通过一系列的电线和设备转换成我们家里或工厂中可以使用的电力。

现实中可以看到在屋顶安装一些太阳能板，让它们吸收太阳的能量，即光伏发电。然后我们就可以用这些能量来点亮灯泡、给电器供电。

⚡ 农村屋顶光伏

二、基础知识

1. 传统火力发电

通过燃烧煤炭、天然气或石油产生热能，再转化为电能。

由于使用了煤炭，会产生大量的烟气排放，对环境造成影响。目前我国仍有超过百分之五十的电来源于火力发电。

⚡ 火电厂

2. 新能源发电

新能源发电是指用新型无污染的能源（如太阳能、风能、水能、地热能、生物质能、潮汐能、氢能等）进行发电，新能源发电最大的优势就是清洁无污染，因此这些新能源又被称为清洁能源。

水力发电：利用水流的动能转化为电能。

⚡ 水电站

核电：利用核裂变产生的热能，转化为电能。

⚡ 核电站

风电：利用风力转动风机叶片，带动发电机产生电能。

⚡ 海上风电场

⚡ 陆地风电场

三、动手实践——土豆发电实验

1. 工具 / 原料

1个土豆、1块锌片、1块铜片、2根导线、1个红色LED、1套焊接工具。

土豆

铜片

锌片

电线

一组红色 LED

鳄鱼钳

2. 步骤

（1）准备好如图所示的材料，土豆最好是新鲜的。

（2）将鳄鱼钳分别夹在铜片与锌片上。

⚡ 焊接了导线的铜片和锌片

（3）将铜片与锌片嵌入土豆中，再把导线依次接 LED 的正、负极。

连接完毕后观察灯是否亮起，同学们知道这个实验中电能是由什么转换而来的吗？

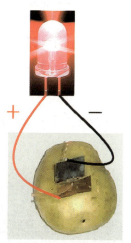

⚡ 土豆电池

新能源与"双碳"目标

2020 年 9 月中国向世界郑重承诺，力争 2030 年前实现"碳达峰"❶，2060 年前实现"碳中和"❷（简称"双碳"目标）。随着"双碳"目标的制定，火力发电的使用占比在逐渐降低，而在全球能源结构转型的历史浪潮下，新能源发电是大势所趋。

---

❶ "碳达峰"：到 2030 年，经济社会发展全面绿色转型取得显著成效，重点耗能行业能源利用效率达到国际先进水平。

❷ "碳中和"：到 2060 年，绿色低碳循环发展的经济体系和清洁低碳安全高效的能源体系全面建立，能源利用效率达到国际先进水平，非化石能源消费比重达到 80% 以上，碳中和目标顺利实现，生态文明建设取得丰硕成果，开创人与自然和谐共生新境界。

四、拓展阅读

前面提到了屋顶的光伏发电，其实，光伏发电是一种很"酷"的发电方式，在各个地方都可以看到它的身影。

光伏发电是一个非常有趣的过程，因为我们可以通过捕捉阳光来产生电力，就好像是太阳送给我们的一份礼物。

⚡ 平原上的光伏发电

⚡ 珠海光伏发电

⚡ 沙漠光伏发电

为什么说光伏发电很酷呢？首先，它是一种无污染的能源，不会排放有害的东西，保护了我们美丽的地球。其次，太阳总是在发光，所以可以随时随地都能产生电能。

第四部分

电 的 输 送

一、基础知识

1. 电荷

电荷：想象一条水管，水通过这条管子流动。在电的世界里，水就像是电荷，而水管就像是电线。电荷在电线中流动，就像水在水管中流动一样。

2. 电压、电流

电压：电压是电力的推动力，就像水流从高处往低处流一样，电流需要从高电压区域流向低电压区域。

电流：电流是电荷在导体中流动的现象，就像水流在管道中一样。电流越大，导体中的电荷流动越强烈。

二、电力系统

⚡ 电力系统全貌

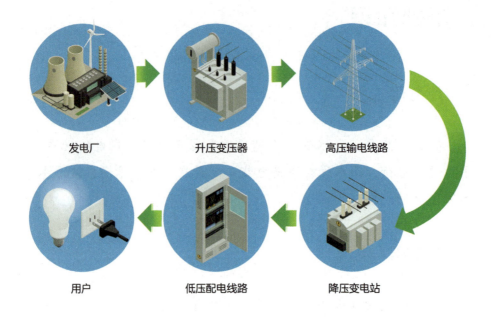

发电厂　　　　　升压变压器　　　　　高压输电线路

用户　　　　　低压配电线路　　　　　降压变电站

⚡ 发—输—配—送电示意图

　　想象一下，电力就像是魔法的能量，它可以让灯亮起来，电视工作，还能让空调吹出凉风。这种魔法的能量是从哪里来的呢？它需要经过几个步骤才能到达我们的家里？

　　（1）发电：产生这种魔法的能量。这个过程叫作发电。就像是在一个巨大的工厂里，可以用水流、风、太阳光或者煤炭来制造电力。

　　（2）输电：当电力制造好后，需要通过非常长的电线旅行很远的路程到达我们的城市，这个过程叫作输电。这就需要通过一些非常高大的电线杆和电线，这个过程叫作输电。电线就像高速公路，电力就像车辆，在高速公路上快速前行。

　　（3）配电：电力到达城市后，它还需要进入更小的街道和小路，最终到达我们的家。这个过程叫作配电。这时候，电力会通过一些变压器（这是一种可以调整电力强弱的装置）变得更安全，然后才能进入我们的家。

　　（4）使用：最后，当电力安全到达我们的家后，我们就可以使用它了。打开开关，灯就亮了；按下按钮，电视就开始播放；打开空调，凉风就吹出来。

所以，电力系统就像一个巨大的传送带，把电力从制造的地方通过一系列的步骤传送到我们的家中，让我们能够使用各种电器，享受舒适的生活。

三、动手实践——点亮 LED 灯

实验原理：电流从电源正极出发，一次经过灯、开关，最后接到电源负极，形成闭合电路，并使 LED 发光。

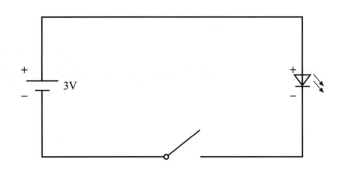

实验材料：纽扣电池，紫色发光二极管，导电胶带。

⚡ 纽扣电池1个　　⚡ 紫色发光二极管1个　　⚡ 导电胶带1卷

步骤：

（1）将电池插入电池座中。

（2）将一根导线的一端连接到电池的正极（＋），另一端连接到 LED 的正极一侧。

（3）用第二根导线，将一端连接到电池的负极（－），另一端连接到开关的一侧。

（4）断开开关，将开关与 LED 的负极一侧相连。

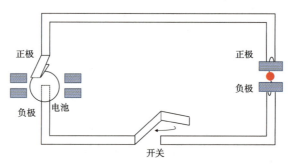

观察：

开关断开时，灯泡是否亮起？开关闭合时候呢？

> **思考题**
>
> 　　请将上面实验电路中的电池、连接开关和电池的导线、连接灯泡的导线、灯泡，与前面介绍的发电、输电、配电、用电等环节相对应。

四、拓展阅读

西电东送：中国电力伟大工程

中国的"西电东送"工程是一项宏伟的电力输送工程。通过建设高压输电线路，将西部地区丰富的电力资源输送到东部的用电地区，满足不同地区的用电需求，促进全国电力平衡。

⚡ 西电东送线路

⚡ 西电东送电力铁塔

"西电东送"能够实现不同地区电力资源的互补，促进全国范围内的电力平衡。这有助于满足东部地区高密度工业和城市的用电需求。且西部地区的清洁能源主要来自可再生能源，如风电、光伏等，相比传统能源更环保。输送这些清洁能源可以减少对高污染能源的依赖，降低环境污染。

总体而言，"西电东送"为中国构建绿色、可持续的能源体系，促进区域经济均衡发展，降低环境压力。

第五部分

电的应用

一、电，让城市色彩纷呈

（1）景观照明。

景观照明通过景观特有的形态和空间让人们在夜间享受美的视觉效果。

⚡ 景观照明

（2）观光电梯。

观光电梯是一种以电动机为动力的垂直升降机，装有箱状吊舱，主要安装于宾馆、商场、高层楼宇等场合。用于多层建筑乘人或载运货物。

⚡ 观光电梯

二、电，承载并推动了工业革命

电的应用，推动工业生产迅猛发展。先进的通信、信息和控制技术与更加环保、绿色、智能的电能生产、输送、消费的融合，使得电能的应用更加安全、可靠、高效。

（1）港口岸电。

港口岸电就是由岸侧向船舶供电，关闭以油为燃料的船用辅机，减少排放。

⚡ 港口岸电

（2）起重机。

起重机用途广泛，如在运输业中用于货物的装卸，在建筑业中用于材料的运输，在制造业中用于设备的装配等。有了电力的支持，起重质量越来越大，有些大型场地龙门起吊装置可起吊 1500 吨的设备，可谓力大无穷。

⚡ 起重机

三、电，让农林渔牧业走向现代化

（1）种植业用电。

田间作业的耕作、植保和收摘，场上作业的脱粒、扬净和烘干，以及运输、贮藏、种子处理、育苗、温室、灌溉等，都需要电力的支持。

⚡ 种植业用电　　　　　　　⚡ 现代农场的智能温室

（2）畜牧业用电。

智能化养鸡场安装有自动添料、自动送水、自动清粪、自动控温、自动调节空气等自动化设备。数百平方米的养殖鸡舍只需一两个工人就可以完成整个饲养过程。

⚡ 智能化养鸡场

（3）渔业用电。

智能化水产养殖系统将监测与控制融为一体，通过水质监测系统，从后台可以直观看到水质数据，一旦发现数据异常，用户可通过手机直接控制相应的系统，实现水氧控制、温度控制、pH 值控制。

⚡ 智能化水产养殖系统

（4）林业用电。

智慧林业在电力的支撑下，利用传感设备（如红外、激光、射频识别）和智能终端，使系统中的森林、湿地、沙地、野生动植物等林业资源可以相互感知，能随时获取需要的数据和信息环境。无人遥感飞机运用无人飞行器和卫星精确定位，可 360 度无死角高清航拍，实现地空双控立体成像。林区的工作人员坐在办公室，只要轻点鼠标，通过画面就能直观了解整个林区的实时情况。

⚡ 林业用电——无人遥感飞机运用

四、电，美好生活新时尚

共享充电不仅有满足人们给手机充电的共享充电宝，还有方便人们出行的共享充电设施。

（1）共享充电宝。

人们随身携带的手机，除了通信用途外，出行路线导航、地铁公交刷码、购物支付，都使得手机时刻发挥着作用，也一刻不能没有了电。共享充电宝的租赁设备遍布商场、饭店、银行、机场等公共场所。

⚡ 共享充电宝

（2）电动自行车充电设施。

我国电动自行车年销量超过 3000 万辆，社会保有量接近 3 亿辆。电动自行车集中充电站和充电柜的普及，使电动自行车不再入户充电，从而减少安全隐患。电动自行车集中充电站多设在社区露天空地。通过微信扫码进行充电付费，充满电时充电装置自动断电。

⚡ 电动自行车充电设施

第六部分

电 的 储 存

一、现实案例

手机充电是我们日常生活中常见的现象。电池是一种装置，它可以把电能转化为化学能储存起来，然后在需要时释放出来，驱动手机等电子设备。

⚡ 充电宝给手机充电

同学们之前学到的土豆电池就是一个有趣的例子，其中土豆的化学能被转化成电能，点亮小灯泡。

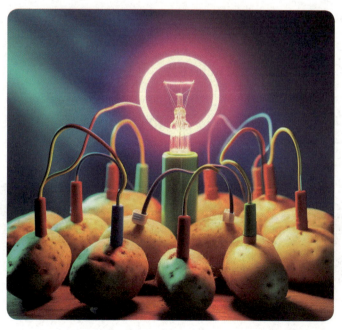

⚡ 土豆电池霓虹灯

二、生活中常见的电池

（1）碱性电池。

碱性电池常见于家用电器。它使用某些氢氧化物溶液作为电解质，具有较长的使用寿命。

⚡ 遥控器中用的碱性电池

（2）锂电池。

锂电池广泛应用于移动设备。它采用锂离子在正负极之间的移动来产生电流，具有高能量密度和轻量化的优势。

⚡ 笔记本电脑中应用的锂电池　　⚡ 手机中应用锂电池

三、基础知识

电池的工作原理基本上是一种特别的化学魔法。在电池内部，有两个特殊的部分叫作电极，分别是正极和负极。这两个电极是用不同的材料制成的，因此它们在化学性质上也不一样。

电池里还有一种叫作电解质的物质，它可以是液体、固体，甚至是胶状物。电解质的作用是帮助电子（一种极其微小的粒子，是电流的载体）从一个电极移动到另一个电极。

当电池接入电路，比如放入玩具或手电筒中时，一个很有趣的化学反应就开始了。在这个反应中，负极会产生额外的电子，而正极则希望得到电子。因为这两个电极对电子的需求不同，电子就会从负极流向正极。电子在移动的过程中经过连接电池的设备（如玩具或手电筒），这样设备就能工作了。这个流动的电子流就是我们说的"电流"。

正是这个从负极到正极的电子流动，让电池能够为各种电器提供能量。这一切都是因为电池

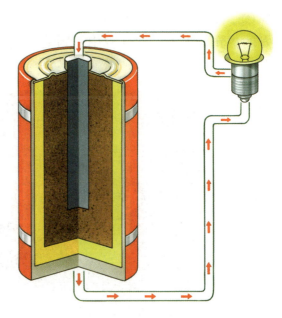

⚡ 电池的工作原理图

内部的化学反应，这些反应让电子得以移动，从而产生了电流。所以，你可以想象，电池里面就像有一个小型的化学工厂，不断地通过化学反应来产生让我们日常电器运作的电流。

土豆电池中，化学反应涉及土豆中的化学物质，导致电子流动，从而点亮灯泡。这种原理类似于其他电池，只是化学反应的物质不同。

四、拓展阅读

新电池技术

（1）动力电池。

随着科技的进步与社会的发展，越来越多的车辆使用电力进行驱动，也诞生了一种新的电池：动力电池。动力电池即为工具提供动力来源的电源，多指为电动汽车、电动自行车提供动力的蓄电池。动力电池主要的应用就是取代汽油和柴油，作为电动汽车或电动自行车的行驶动力电源。图为我国研发的铝壳动力锂电池，应用于新能源电车上，为其提供充足的能量。

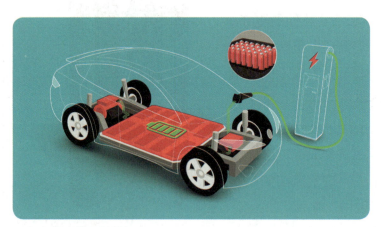

⚡ 电动汽车的动力电池

（2）固态电池。

固态电池是一种特别的电池，它里面的材料是固体，不像普通电池里面是液体。这样做的好处是，固态电池更安全，不会像液体那样容易漏出来或者着火。而且，固态电池能存更多的电，使用的时间也更长，所以我们不用经常换电池，也可以让我们的玩具或设备更小更轻便。简单来说，固态电池就像是一个更强大、更安全的小能量仓库。

⚡ 固态电池示意图

"驱动电"单元

第七部分

解码电阻器

一、实例分析：以收音机为例

收音机的音量旋钮如图所示，当旋转收音机音量旋钮时，可调节管理音量电阻的电阻值大小，当电阻值增大时，通过的电流变小，收音机音量就变小了。反之，阻值减小时，通过的电流变大，收音机的音量就变大了。

⚡ 收音机及音量旋钮

二、基础知识：什么是电阻

在生活中有各种各样的电阻，我们在衡量一块石头大小时，往往会根据石头的体积大小来判断，电阻也是一个道理，当在衡量电阻的大小时，要用到"电阻值"。

下面是生活中一些常见的电阻：

（1）固定电阻。

固定电阻是最常见的电阻类型，就像一本你不能改变页数的书。它的电阻值是固定的，不能调整。固定电阻通常用在电路里面，帮助控制电流的大小，就像用一个水龙头控制水流速度一样。

（2）可变电阻（电位器）。

可变电阻，或者叫电位器，就像一本你可以随意增减页数的活页夹。你可以调整它，改变电阻值，控制更多或更少的电流通过。这种电阻常用在音量控制或光亮度调节上。

（3）保险电阻。

保险电阻是一种特别的电阻，它用来保护电路免受过大电流的伤害。想象如果太多的水流进一根细管，管子可能会破裂，保险电阻就像一个安全阀，当电流过大时，它会牺牲自己来保护其他电路部件。

⚡ 固定电阻

⚡ 可变电阻（电位器）

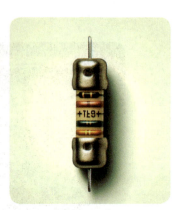

⚡ 保险电阻

三、实验指导：混色电路

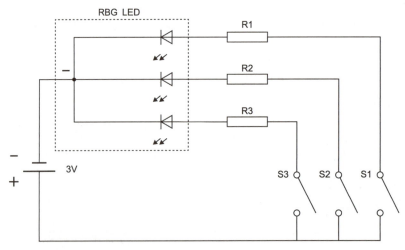

⚡ 电子拼贴实验原理

工具/原料：

3个电阻；

1个纽扣电池；

1个全彩发光二极管（通过将R、G、B三组发光二极管连在一起实现全彩发光，有共阴或共阳两种形式）；

1卷导电胶带。

| 电阻3个 | 纽扣电池1个 | 共阴全彩二极管1个 | 导电胶带1卷 |

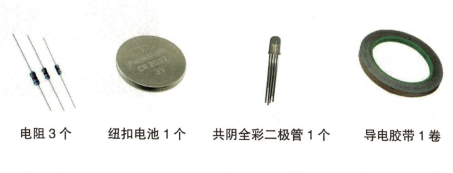

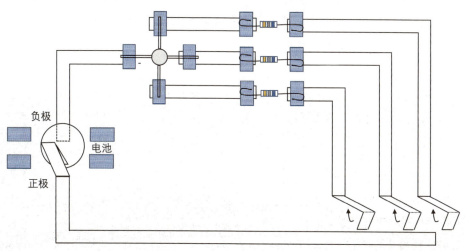

负极

电池

正极

⚡ 电子拼贴实验实操

四、学习拓展：超导体

前面说过，电阻值是电阻的重要特征，而有一种"特殊电阻"却恰恰没有这个特征。

超导体是一种没有电阻，不允许磁场穿透的物质状态。超导体中的电流可以无限地持续下去。

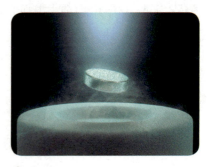

⚡ 超导

超导现象通常只能在非常低的温度下才能达到。超导体在日常生活中有各种各样的应用，从核磁共振成像仪到超高速磁悬浮列车，这些列车使用磁铁使列车悬浮在轨道上以减少摩擦。研究人员现在正在努力寻找和开发能在更高温度下工作的超导体，这将彻底改变能源的运输和储存。

目前阶段的磁悬浮列车就是利用这种超低电阻产生的强大磁力来托起整个火车，从而让列车高速行驶。

⚡ 磁悬浮列车

第八部分

奇妙的电感

一、基础知识：什么是电感

电感是一种电子元件，它可以把存储的电能转化为磁能。我们可以把电感想象成一个超级英雄的"能量盾"，它能吸收电路里的电力，然后在需要的时候释放出来。

想象一下，你有一个弹簧玩具。当你往下压它时，弹簧会存储这个力；当你松手时，弹簧会弹回来，力量就释放了。电感也是这样工作的，它通过电流（就是电子的流动）产生磁场，磁场就像弹簧一样存储能量。当电路需要时，电感就像弹簧释放力量一样，释放电能。

二、实例分析：以收音机为例

同学们有没有想过收音机是怎么接收到不同的电台信号的？其中就用到了一个叫作电感的小部件。电感在收音机里面扮演了一个非常重要的角色。

当同学们调节收音机上的旋钮寻找你喜欢的电台时，你其实是在调整一个叫作电感的小部件和一个叫作电容的部件。电感和电容一起工作，帮助收音机捕捉到空中飘浮的电台信号。这种配合使得收音机可以锁定并播放清晰的音乐或新闻。

所以，电感帮助收音机从空中捕捉到很多不同的电台信号，就像渔网帮助渔民从海里捕捉到鱼一样。这样，你就可以听到各种各样的节目了！

三、实验指导：让蜂鸣器发声

实验原理：

电流通过蜂鸣器，会使蜂鸣器内部的铁片振动，从而产生声音。

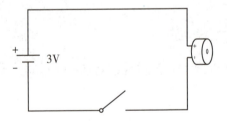

工具／原料：

纽扣电池 1 个；
蜂鸣器 1 个；
导电胶带 1 卷。

纽扣电池 1 个

蜂鸣器 1 个

导电胶带 1 卷

实验步骤：

从电池正极出发，连接蜂鸣器正极，连接蜂鸣器的负极和开关的一端，将开关的另一端连回电源负极。

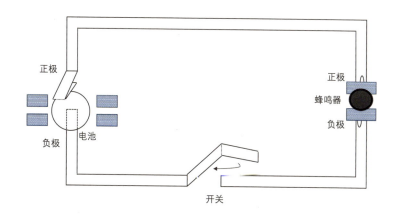

四、学习拓展：电容

在前面的学习中，我们分别学习了电阻与电感，在电路中，还有一种最基本的原件叫作电容。

电容是一种像小存钱罐一样的电子部件。想象一下，如果你有一个小存钱罐，在你有很多硬币的时候，你可以快速地把硬币放进去存起来。然后，当你需要买东西时，你可以快速地把硬币拿出来用。电容也是这样，它可以快速地存储电能，然后在需要的时候快速释放电能。

在电路中，电容帮助控制电流的流动，确保电器运行平稳。就像你用存钱罐帮助管理你的零花钱一样，电容帮助电路管理电流。

电阻、电感和电容，是构成电路的最基本的三个元器件。通过它们之间的不同组合方式，我们实现了多种功能，让我们的生活更加便利。

第九部分

初识传感器

一、基础知识：什么是传感器

传感器是一种检测装置，能感受到被测量的信息，并能将感受到的信息，按一定规律变换成为电信号或其他所需形式的信息输出。

传感器就像是电子设备的感觉器官，它能够感知周围的环境和变化。想象一下，就像我们人类有眼睛、耳朵一样，传感器可以帮助电子设备"看到""听到""感受"周围的事物。

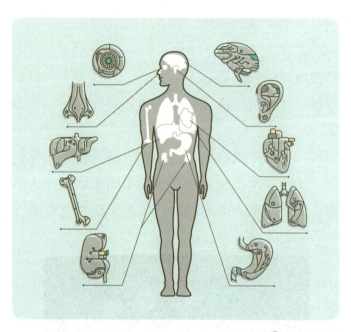

⚡ 人体器官

人类形象的类比：

光敏传感器：视觉—眼睛

声敏传感器：听觉—耳朵

气敏传感器：嗅觉—鼻子

化学传感器：味觉—舌头

流体传感器：触觉—皮肤

二、实例分析：以手机为例

随便拿起一台手机，它可以进行拍照，有些甚至可以自动调节焦距；人们对着它说话有时可以唤醒语音助手，并且按照人们的意愿执行命令。手机上还有不同的传感器，它们可以把声音、压力等信息转化成电信号，就实现了通话、指纹解锁等功能，如果说芯片是手机的大脑，那么传感器就是手机的五官。

⚡ 智能手机相机

手机一些其他有趣的传感器：

加速度传感器：让手机知道你是在静止还是在运动，有助于自动旋转屏幕或计步器功能。

陀螺仪传感器：帮助手机检测旋转方向，使得游戏或导航更加灵活。

光线传感器：调整屏幕亮度，使手机在不同光照条件下都能清晰显示。

温度传感器：测量手机内部的温度，帮助调整手机性能以防止过热。

⚡ 智能手机

三、实验指导：光控灯

实验原理：

光敏电阻会根据环境光线的敏感改变电阻，我们可以通过观察 LED 的明暗来感受光敏电阻阻值的变化。

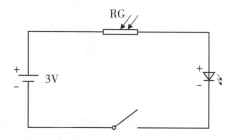

工具 / 原料：

1 个光敏电阻、1 个纽扣电池、1 个红色发光二极管、导电胶带。

| 光敏电阻 1 个 | 纽扣电池 1 个 | 红色发光二极管 1 个 | 导电胶带 1 卷 |

实验步骤：

1. 从电源正极出发，连接光敏电阻的一端。光敏电阻的另一端连接发光二极管的正极，发光二极管的负极连接开关，开关的另一端连回电源负极。

2. 闭合开关，遮挡光敏电阻的光源，观察发光二极管的亮度变化。

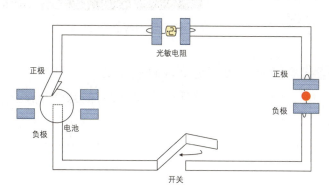

四、学习拓展

现在的传感器可不只是简单地"感知"周围的世界，它们还可以帮助我们创造出一些很酷的东西！

（1）智能驾驶汽车。

你知道吗，现在有一种汽车叫作智能驾驶汽车，这些汽车上装满了各种传感器，比如各种雷达、摄像头和声音识别系统。这些传感器可以帮助汽车"看见"周围的道路和其他车辆，就像是它们有了一双神奇的眼

⚡ 自动驾驶的汽车

睛。因此，智能汽车可以更安全、更智能地行驶，甚至可以在不需要人类驾驶的情况下自动行驶！

（2）智能家居。

通过使用各种传感器，我们可以让家居设备变得更加聪明。比如，智能家具会根据传感器测到的参数控制灯光和温度，让家里变得更加舒适。而且，传感器可以检测家里的安全情况。

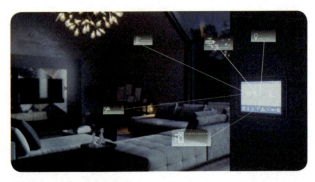

⚡ 客厅智能家居控制

所以，传感器不仅帮助我们更好地理解世界，还让我们的生活变得更加智能和有趣。你能想象一下，未来我们生活中会有哪些更酷的创新吗？

第十部分

芯片，你好！

一、基础知识：什么是芯片

集成电路，常被称为芯片。把构成具有一定功能的电路所需要的分立元器件（半导体、电阻、电容等）及它们之间的连接导线全部集成在一小块硅片上，然后焊接封装在一个管壳内的电子器件。

⚡ 电子芯片组件

集成电路具有体积小、质量轻、引出线和焊接点少、寿命长、可靠性高、性能好等优点，同时成本低，便于大规模生产。

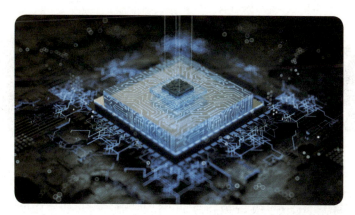

⚡ 集成电路

二、实例分析：以迷你音箱为例

迷你音响，顾名思义是它微型的体积结合了功放、播放机以及扬声器系统。从单一的收音机到 CD、VCD、DVD、多媒体音响、GPS、车载多媒体终端等，不断更新换代。

随着人们审美观念的变化、住房装修风格的变化、家居文化的变化，以及互联网信息时代新产品的出现等因素的变化，人们对 PC 音响的功能、款式、造型、色彩、体积等各个方

⚡ 迷你音响

面都提出了新的要求，而传统的音响难以适应这种特殊的要求。迷你音响的发展，正是由于需求变化和市场环境的变化，达到随需而变、随机而变。

三、实验指导：小音响的制作

工具 / 原料：

面包板 1 块、集成电路（TDA2822）1 块、电位器、电阻、独石电容、电解电容、鳄鱼夹线、集成放大器、扬声器、电池、电池扣、导线、立体声插头。

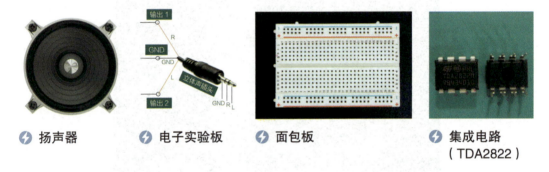

⚡ 扬声器　　⚡ 电子实验板　　⚡ 面包板　　⚡ 集成电路（TDA2822）

按照电路原理图，一级一级将元件清单中的各种元件在面包板上进行合理布局，并用导线将所有元件连接起来，外接电源和多媒体播放器，试听音频放大器的效果。

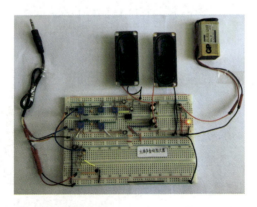

⚡ 实际接线电路

四、学习拓展

目前，汽车自动驾驶领域是非常看重芯片，芯片性能的强弱直接影响汽车自动驾驶时分析处理问题的速度和准确性。

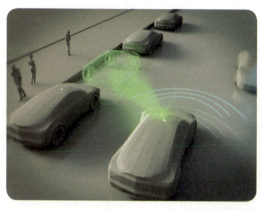

⚡ 无人驾驶

芯片还广泛应用于可穿戴设备以及人工智能等领域。智能可穿戴终端是指可直接穿在身上或整合到衣服、配件中，且可以通过软件支持和云端进行数据交互的设备。当前，可穿戴终端多以手机辅助设备出现，比如智能手表、智能眼镜以及智能手环等。

人工智能同样离不开芯片的支持，该领域研究包括了机器人、语言识别、图像识别以及自然语言处理等。

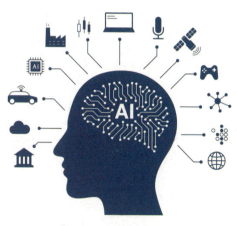

⚡ 人工智能连接未来